SHENQIDEGUANGYURE

# 神奇的光与热

唐 宏 王佳语 主编

哈尔滨工业大学出版社
HARBIN INSTITUTE OF TECHNOLOGY PRESS

图书在版编目（ＣＩＰ）数据

神奇的光与热 / 唐宏 , 王佳语主编 . — 哈尔滨 : 哈尔滨工业大学出版社 , 2016.10
（好奇宝宝科学实验站）
ISBN 978-7-5603-6012-6

Ⅰ . ①神… Ⅱ . ①唐… ②王… Ⅲ . ①光学—科学实验—儿童读物②热学—科学实验—儿童读物 Ⅳ . ① O43-33 ② O551-33

中国版本图书馆 CIP 数据核字 (2016) 第 102715 号

策划编辑　　闻　竹
责任编辑　　范业婷
出版发行　　哈尔滨工业大学出版社
社　　　址　　哈尔滨市南岗区复华四道街 10 号　邮编 150006
传　　　真　　0451-86414749
网　　　址　　http://hitpress.hit.edu.cn
印　　　刷　　哈尔滨经典印业有限公司
开　　　本　　787mm×1092mm　1/16　印张 10　字数 149 千字
版　　　次　　2016 年 10 月第 1 版　2016 年 10 月第 1 次印刷
书　　　号　　ISBN 978-7-5603-6012-6
定　　　价　　26.80 元

# 《好奇宝宝科学实验站》
# 编委会

# 前 言

科学家培根曾经说过："好奇心是孩子智慧的嫩芽"，孩子对世界的认识是从好奇开始的，强烈的好奇心会增强孩子的求知欲，对创造性思维与想象力的形成具有十分重要的意义。本系列图书采用科学实验的互动形式，每本书中都有可以自己动手操作的内容，里面蕴含着更深层次的科学知识，让小读者自己去揭开藏在表象下的科学秘密。

本书内容的形式主要分为【准备工作】【跟我一起做】【观察结果】【怪博士爷爷有话说】等模块，通过题材丰富的手绘图片，向读者展示科学实验的整个过程，在实验中领悟科学知识。

这里需要明确一件事，动手实验不仅仅局限于简单的操作，更多的是从科学的角度出发，有意识地激发孩子对各方面综合知识的认知和了解。回想我们的少年时光，虽然没有先进的电子玩具，没有那么多家长围着转，但是生活依然充满趣味。我们会自己做风筝来放，我们会用放大镜聚光来燃烧纸片，我们会玩沙子，我们会在梯子上绑紧绳子荡秋千，我们会自制弹弓……拥有本系列图书，家长不仅可以陪同孩子一起享受游戏的乐趣，更能使自己成为孩子成长过程中最亲密的伙伴。

本书主要介绍了 60 个关于光和热的小实验，适合于中小学生课外阅读，也可以作为亲子读物和课外培训的辅导教材。

由于编者水平及资料有限，书中不足之处在所难免，恳请广大读者批评指正。

编 者

2016 年 4 月

# 目 录

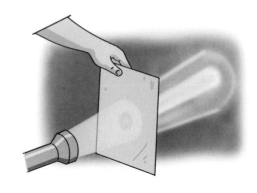

# 1. 走直线的光

小朋友，你们认为光是走直线，还是会拐弯呢？我们一起来做下面的实验就知道答案了。

## 准备工作

- 两张方形纸板
- 一个手电筒
- 两张条形卡纸
- 几本书

## 跟我一起做

**1** 在两张纸板的中心处各穿一个小孔。

然后如右图所示，将两张条形卡纸折叠、剪切，制成纸板的底托。

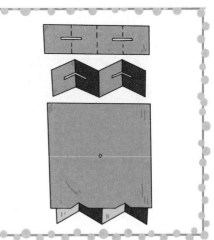

**2** 将纸板架在底托上，两个小孔要排列在一条直线上。将手电筒放在书上，好让光能够打到第一张纸板的小孔上。然后走到另一边，让眼睛和第二张纸板上的小孔处在同一高度上。你会看到什么？

**3** 移动其中一张纸板，让两个小孔不再处于同一直线上。你会看到什么？

观察结果

第二步中，通过两个小孔，你能看到手电筒发出的光。

第三步中，你看不到光。

怪博士爷爷有话说

　　小朋友，通过实验我们知道，光是沿直线传播的，因此不会经过不在它传播路线上的小孔。

# 2. 会弯折的光

前面，我们提到光是走直线的，有没有什么好办法让光能够拐弯呢?

## 准备工作

- 水
- 少量牛奶
- 一个手电筒
- 一张黑色卡纸
- 一把剪刀
- 一卷胶带
- 一本书
- 一个较暗的房间
- 一个四壁都是平面的透明鱼缸

## 跟我一起做

倒入牛奶，能更好地看清楚光线。

1

将容器灌满水，然后向水中倒入一些牛奶。

剪小孔也是为了更好地看清光线。

**2**

在手电筒上覆上一张黑色卡纸，用胶带固定好，然后在中央位置剪一个小孔。

**3**

在黑暗的房间里打开手电筒，然后如右图所示，将光束从右下方照射到水的表面，此时可以在鱼缸下面垫一本书。

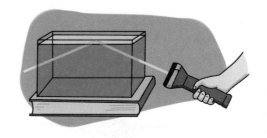

观察结果

实验中可以看到，当光碰到水面时，光弯折了，并从容器的另一边射出，还与之前的光线形成一个夹角。

怪博士爷爷有话说

光沿着平直的路线进入容器中，而水的表面就像一面镜子，它能将光反射出来，改变光的传播路线。这一点在实验中就可以验证。所以，实际上光线仍然是平直的，只不过改变了方向而已。

# 3. 会流淌的光

我们知道光是沿直线传播的，平时很难控制它的行走路线。不过现在，你完全可以让光线听从你的指挥，快来跟我们一起做做看吧！

**准备工作**

- 一个矿泉水瓶
- 一颗钉子
- 一块橡皮泥
- 一张报纸
- 一个手电筒

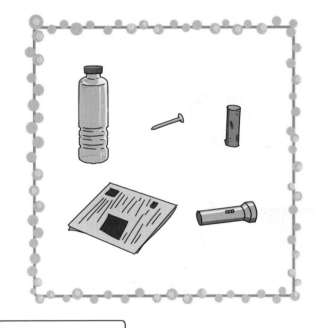

**跟我一起做**

注意别砸到手，可以请家长帮忙完成这一步。

**1** 用钉子在矿泉水瓶的瓶盖上打出一个大洞，在瓶底上打出一个小洞。

**2** 用橡皮泥将两个洞暂时堵死，向瓶子里注水到瓶身 3/4 处，盖好瓶盖。

**3** 用报纸将瓶子卷起来，然后将瓶底的橡皮泥去掉。

注意瓶底抬高一些，不要让水从瓶底流出来。

打开手电筒，放在瓶子的底部，使光线透过瓶子，然后到一间黑屋子里，去掉瓶盖上的橡皮泥，倾斜瓶子，让水从瓶盖上的大洞里流出来。 **4**

观察结果

这时你会发现，光线和水一起流淌出来。把手放在水流中，光线就会变得像瀑布一样，随水弯曲流淌。

**怪博士爷爷有话说**

光是沿着直线传播的，但是也有例外的情况。在这个实验中，我们把光和水混合在了一起，光就会随着水流做不定向的反射，因此就不再沿着直线传播，而是如我们所见到的情况，随着水流做不定向的曲线运动。

# 4. 制造阴影

小朋友，你们想一想，所有的物体都能制造阴影吗？

## 准备工作

- 一个手电筒
- 一本书
- 一个茶杯
- 一个盛有一些水的玻璃杯
- 一块薄玻璃板
- 一张半透明纸
- 一块手帕
- 一张牛皮纸
- 一间黑暗的房间

## 跟我一起做

对着一面墙，将所有准备好的物体逐个用手电筒照射。

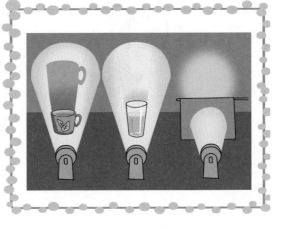

## 观察结果

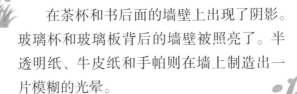

在茶杯和书后面的墙壁上出现了阴影。玻璃杯和玻璃板背后的墙壁被照亮了。半透明纸、牛皮纸和手帕则在墙上制造出一片模糊的光晕。

## 怪博士爷爷有话说

这个实验中，茶杯和书都是不透明的物体，它们会阻挡光的传播。而薄玻璃和水都是透明的，所以光线才能够穿透它们。半透明的物质，比如牛皮纸、半透明纸或手帕，只会遮住一部分光线，同时将剩余光线分散后使光线淡淡地照射在墙上。

# 5. 透明效果

透明还是不透明，对光线传播的影响大吗？是不是只有不透明的物体才能制造出阴影。

## 准备工作

- 一张纸
- 一瓶油
- 一根吸管
- 一个手电筒
- 一间黑暗的房间

## 跟我一起做

**1**

用吸管在纸上滴几滴油。

将纸拿在手电筒与墙之间。

会出现什么结果呢?

 照亮这张纸,然后将光束对准油迹。

 观察结果

透过油迹在墙上打出来的光会比周围的光显得亮许多。

 怪博士爷爷有话说

我们知道,纸能够阻挡住大部分光线。而油会渗透进纸张的纤维里,制造出一些细小的孔洞,这些孔洞使得光可以从中间穿过。但是这种做法却不适用于水,因为水很难渗透进普通的纸张纤维里。

# 6. 不同的左右脸

在没有光线的房间里，在镜子和白纸的辅助下，用手电筒照你的脸，会有什么新发现？一起来做做看吧！

### 准备工作

- 一张白纸
- 一张黑纸
- 一个手电筒
- 一面镜子

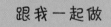

### 跟我一起做

可以关上电灯或者拉上窗帘。

**1** 选择一个黑暗的房间。

坐到镜子前面，打开手电筒，并将手电筒放在脸的左边，让光照在你的鼻子上。

**2**

将白纸放在脸的右边，正对着手电筒的光，有什么发现？

再将黑纸放在脸的右边，也正对着手电筒的光，又有什么新发现？

观察结果

将白纸放在脸的右边，正对着手电筒的光，从镜子中可以看到你右半边脸被照亮了。再将黑纸放在脸的右边，正对着手电筒的光，可以看到镜子中你的右半边脸几乎一片漆黑。

怪博士爷爷有话说

小朋友看到实验中放不同颜色的纸，会发生不一样的变化。为什么会这样呢？白纸能够反射光线，也就是说，当手电筒的光照过来时，它把光线重新反射到你的脸上，照亮你的脸，而黑色的纸几乎不反射光线，它会吸收大部分光。当手电筒的光照到你的鼻子上之后，会被你的鼻子反弹回来，而照在黑纸上的光却无法把光线反射回来。所以，除了鼻子，你脸上的右半部分还是一片漆黑。小朋友，你们听明白是怎么一回事了吧？不管是白纸还是黑纸，关键还是要看谁能反射光线。

# 7. 铝箔镜子

铝箔既薄又轻，具有银白色光泽，就像一张薄薄的纸片，它可以用来当作简易的镜子，照出你的模样。不过，用的时候要多加小心，一旦被揉皱了，铝箔就不能再当镜子了。

## 准备工作

- 一把剪刀
- 一张铝箔纸

## 跟我一起做

**1** 剪下一块铝箔，观察一下它的正面，你会看到它的正面闪闪发光，非常明亮晃眼。

**2** 用铝箔的正面照一照你的脸，照出来的图像清晰吗?

**3** 将铝箔揉成一团，然后再拉平。这时，再用铝箔照一照你的脸，有什么新发现？

刚刚还能看清楚，这会儿为什么看不清了？

观察结果

第二步中，你会发现铝箔能非常清晰地照出你的模样。

第三步中，你会发现，居然什么都看不见了。

怪博士爷爷有话说

之所以会发生上面的两种不同的情形，是因为光的两种反射形式。光的反射可以分为镜面反射和漫反射。镜面反射能规则地反射光线，实验中，没有揉皱的铝箔对光的反射就是镜面反射，所以一开始能够在铝箔中看到自己的脸。而揉皱的铝箔表面不光滑，对光进行了不规则的漫反射，因此就看不到自己的脸了。

# 8. 制作潜望镜

潜望镜是指从海面下伸出海面或从低洼坑道伸出地面，用以窥探海面或地面上活动的装置。它的构造与普通地上望远镜相同，特别之处在于，多加了两个反射镜。潜望镜常用于潜水艇、坑道和坦克内。现在跟随我们一起来制作一个潜望镜玩具吧！

## 准备工作

- 两个牙膏盒
- 两块镜子
- 一把剪刀
- 一把小刀
- 一卷透明胶带
- 一卷双面胶带

## 跟我一起做

**1** 将一个牙膏盒从中间剪开，剪成如右图所示的形式。装入镜子，镜子与盒壁成45°夹角。（镜子后面做个45°的直角三角形垫着会更稳）

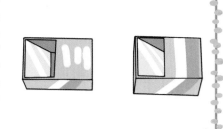

在另一个牙膏盒上面剪一个洞。

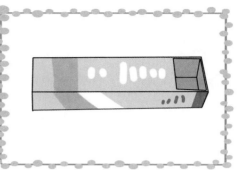

将牙膏盒拼插在一起。

拼接得尽量牢固一些。

一个潜望镜就制作成功了。

是不是很简单呢?

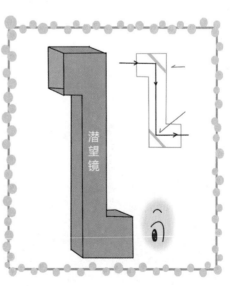

潜望镜

**5** 躲到一个障碍物（如墙壁、窗台等）的后面，将你的潜望镜伸过头顶，然后从下方的开口处看过去。

你能看到什么呢？

## 观察结果

通过潜望镜内部的镜子，你可以看到障碍物另一边反射过来的画面。

## 怪博士爷爷有话说

为什么会发生实验中的情形呢？那是因为来自障碍物另一边的人或物体的光线会照射到较高的镜子上，再加上其角度的缘故，光线又会反射到较低的镜子上。我们可以利用潜望镜间接地观看事物，就像深海潜艇中的观察员一样，不用升出水面就可以探察海面的情况。学会了这个实验，我们也可以变身侦查员了！

# 9. 变色的小球

小朋友，如果将蓝色和绿色的糖球放进纸盒里，你还能分辨出它们的颜色吗?

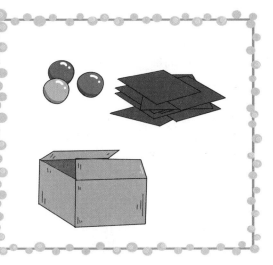

## 准备工作

- 一个大纸盒
- 8 张红色的玻璃纸
- 红色、蓝色、绿色糖球各一个

## 跟我一起做

**1** 取下纸盒的盖子，将红色、绿色和蓝色的糖球放入盒子里。

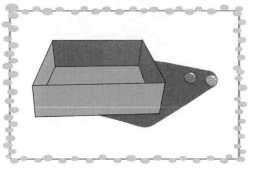

**2** 用 8 张 红色玻璃纸叠在一起构成过滤膜，盖在盒子上。

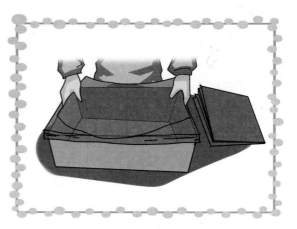

**3** 透过红色玻璃纸观察盒子中的糖球颜色的变化。

盒子中糖球的颜色会发生什么变化呢？

观察结果

你会发现，一个糖球变成了白色，另外两个糖球变成了黑色。

怪博士爷爷有话说

　　实验中，红色、蓝色和绿色糖球都神奇变色了。究竟是怎么回事呢？原来，当白光投射到红色过滤膜上时，过滤膜反射了光谱中的一部分红色光，而吸收了其他光。所以当你透过红色过滤膜观察时，你所看到的就是红光。当另一部分红色的光投射到红色的糖球上时，大部分的光被反射出来，看上去像是白色的。当红色的光投射到蓝色的和绿色的糖球上时，几乎没有光被反射出来。所有的红光都被吸收了，因而糖球看上去都是黑色的。小朋友，你明白其中的道理了吗？

# 10. 硬币隐身术

非常羡慕电影里具备隐形特技的人，可以随时消失不见。他们是如何做到的呢？通过下面的实验，你很快就能知道缘由了。

- 一枚一元硬币
- 一个透明的玻璃杯
- 一个装着水的脸盆

跟我一起做

**1** 将一元硬币放入装有水的脸盆中。

**2** 将玻璃杯微微倾斜，盖在硬币上，这时，你可以很清楚地看见杯中的硬币。

**3** 将玻璃杯从水中取出，然后再以垂直的方式盖下去，还会看清硬币吗？

观察结果

硬币怎么不见了？

这时候，我们已经看不到硬币了。

怪博士爷爷有话说

通常情况下，我们需要光线的辅助，才能看到物体。当我们以斜盖的方式盖上玻璃杯时，杯中就会充满水。光线经过水以后，就会进入我们的眼睛里，所以我们才能够看见硬币。但是，当我们以垂直的方式将玻璃杯压入水中时，杯中就会充满空气。这时候，光线经过时，就会被杯中的空气反射回水中，所以我们就无法看见硬币了。想不到硬币还会隐身！

# 11. 制作万花筒

小朋友，你们做过万花筒吗？知道万花筒的原理吗？下面我们跟随怪博士爷爷一起来揭开万花筒之谜。

## 准备工作

- 一个玻璃球
- 一张硬纸板
- 彩色包装纸
- 透明塑料薄膜
- 一把小刀
- 三面塑料薄镜片（或玻璃片）

## 跟我一起做

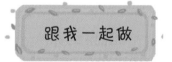

**1** 　将三面长宽一样的薄镜片对在一起，用胶带固定住，使之成为一个空心三棱柱。制作时要将镜子的映照面朝向内侧。

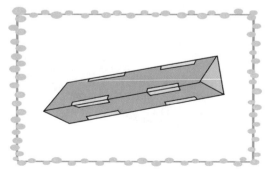

三棱柱的一端卡一个玻璃球，也用胶带固定。

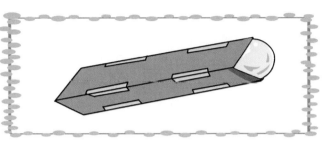

**3**

三棱柱的外面卷上硬纸板，使玻璃球只露出一半。

三棱柱的另一端空心处粘上透明的塑料薄膜，并挖一个观察洞。

在三棱柱的外层粘上好看的彩色纸，用透明胶带固定住，一个万花筒就制作成功了。

观察结果

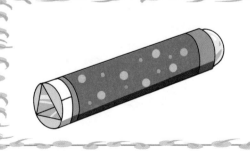

透过万花筒，你不仅能看到里面的东西，还可以看到外面的景色。

怪博士爷爷有话说

　　万花筒的原理在于光的反射，而镜子就是利用光的反射来成像的，我国远古时期就已经有人掌握这种成像原理。《庄子》里有"鉴止于水"的说法，即用静止的水当镜子。但是，真正的万花筒玩具是英国物理学家大卫·布鲁斯特于1816年发明的。万花筒玩具既能培养思考力，又能培养观察力，深受小朋友们喜爱，快来做一个属于你自己的万花筒玩具吧！

# 12. 听话的电视机

你可以对着镜子中的电视机发号施令，镜子中的电视也很听话哦！邀几个好朋友一起来玩吧。

## 准备工作

- 一台电视机
- 一个遥控器
- 一面镜子

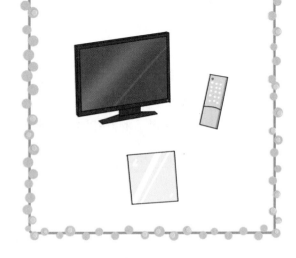

## 跟我一起做

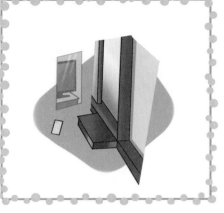

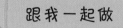

**1**
站到放电视机的屋子外面。

**2**
让一个朋友拿着镜子，调好角度，保证你能从镜子中看到电视机。

**3**

将遥控器对准镜子中的电视机，按下遥控器，电视机会听指挥吗？

遥控器还能控制电视机吗？

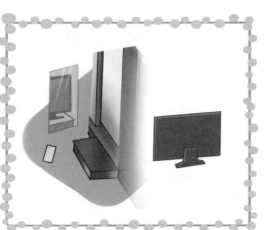

**观察结果**

猜得没错，电视机还是乖乖地听从指挥，打开了！

**怪博士爷爷有话说**

电视机的摇控器是一把光束枪，它可以发射出人眼看不见的红外线。你在镜子中看到了放在屋里的电视机，是因为光线被镜子反射后有一部分光线射进了你的眼睛里。如果用摇控器对准镜子，红外线的光束被镜子反射后，它的红外线信号也会被电视机的光探测器捕捉到，这样电视机就会乖乖地听话了。

# 13. 路面上的"海市蜃楼"

天气热的时候，柏油路上会出现"海市蜃楼"的奇景，这是怎么回事呢?

## 准备工作

● 夏天的柏油路
● 汽车

## 跟我一起做

**1** 天气热的时候，跟随爸爸开车来到柏油路上。

**2** 下车离开汽车一段距离，仔细观察一会，你会有什么新发现?

## 观察结果

柏油路上居然出现反光的"海市蜃楼"的幻影，和水面一样。

好神奇啊！但是为什么会出现这种景象呢？

## 怪博士爷爷有话说

黑色的柏油路容易吸收阳光并发热，于是靠近路面的地方就形成了一个稀薄的热空气层，它的透光率低于上面的凉爽空气。根据光的反射定律，阳光斜着从高密度介质向低密度介质传播时，会被全部反射，这时就会出现一个类似"海市蜃楼"的景象。

# 14. 光的交会

## 准备工作

- 一个鞋盒
- 一个玻璃杯
- 清水
- 一个手电筒
- 一支铅笔
- 一把直尺
- 一把剪刀
- 一间黑暗的房间

## 跟我一起做

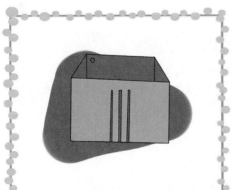

**1**

在鞋盒的短边上剪三个宽 1 厘米的切口。

在玻璃杯里装满清水，放在鞋盒里面，与三个切口对齐。

在黑暗的房间里，打开手电筒，照射在三个切口上。

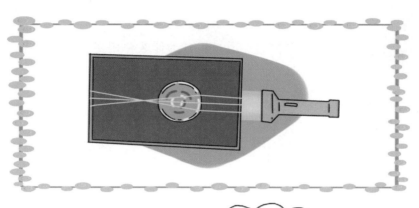

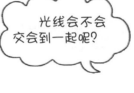

光线会不会交会到一起呢？

观察结果

在通过玻璃杯中的水之前，三道光线是相互平行的。但是通过玻璃杯以后，三道光线在一个点上相交了（如果没有相交，你移动一下玻璃杯就能做到）。在这一点上，光线相交后变得更加明亮了。

怪博士爷爷有话说

明明是平行的三道光线，为什么会相交呢？这是因为玻璃杯弯曲的表面和玻璃杯里的水使光线发生了折射，让它们能够彼此相交，然后再分开。

# 15. 谁折断了吸管

## 准备工作

- 一个玻璃杯
- 清水
- 少量牛奶
- 一根吸管
- 一个手电筒
- 一间黑暗的房间

### 跟我一起做

在玻璃杯里倒满水，然后倒入一些牛奶，让水稍微有些浑浊。 **1**

 **2** 在黑暗的房间里，打开手电筒，将光束从高处倾斜着打向水面。仔细观察会发生什么现象？

**3** 重新在玻璃杯里倒满干净的水，将吸管浸在水里。仔细观察会发生什么现象？

观察结果

第二步中，光束进入水中后，光束改变了倾斜的角度。
第三步中，吸管在浸入水中的那一点看起来好像折断了。

怪博士爷爷有话说

通常情况下，光从一种透明物质照射进另一种透明物质，例如像实验中从空气照射到水中时，会经历一次传播速度的变化，从而造成光路方向的改变。这种现象就是光的折射现象。实验中的吸管实际上并没有折断，只是光的折射让它看起来像折断了一样。

# 16. 逆行的自行车

原本顺向行驶的自行车，竟然变成逆向，是什么缘故呢？

## 准备工作

- 一张白纸
- 一支彩色笔
- 一个透明的水杯
- 水

## 跟我一起做

自行车的大小要适合下面实验的观察。

**1**

在白纸上画一个顺向行驶的自行车。

**2** 在玻璃杯里倒入多半杯水，放在一旁。

**3** 把画有顺向行驶的自行车的图画放在水杯后面，此时再次观察图画。

是不是发生变化了？什么变化呢？

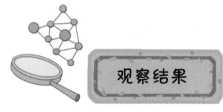

## 观察结果

原本顺向行驶的自行车竟然变成了逆向行驶。

## 怪博士爷爷有话说

实验中，原本顺向行驶的自行车为什么会改变方向呢？这是因为杯子和水的交互作用。它们的组合就像是凸透镜，光线经过折射之后，除了经过光心（透镜与主光轴的连线的焦点）的光线不改变方向，其他的光线都会改变方向，所以水中的自行车改变了方向。

# 17. 光的聚集和发散

## 准备工作

- 一个鞋盒
- 一把剪刀
- 一个凸透镜
- 一个凹透镜
- 一张白纸
- 一个手电筒
- 一间黑暗的房间

## 跟我一起做

> 实验中用到的白纸要够大才行哦!

**1** 用剪刀在鞋盒的短边上剪三个平行的切口,再用白纸将鞋盒的底面盖住。

**2** 用剪刀在鞋盒的底面剪一个能放下一个凸透镜或者凹透镜的切口。

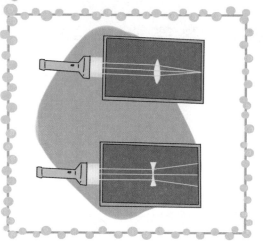

**3** 把凸透镜放在切口中，在黑暗中，打开手电筒，从鞋盒短边上的三个切口照进去。

**4** 把凸透镜换成凹透镜，再重复第三步的做法。

## 观察结果

通过凸透镜的光线改变了方向，并在一个点相交，而通过凹透镜的光线则各自发散开去。

## 怪博士爷爷有话说

为什么凸透镜和凹透镜会对光线做出不同的反应呢？那是因为两种透镜的不同形状造成了不同的折射角度。凸透镜是中央较厚，边缘较薄的透镜；凹透镜是中央较薄、周边较厚、凹形的透镜。凸透镜让光线靠近，根据物体距离透镜的远近，它的这一特性可以被用来放大或缩小物体的图像。而凹透镜则使光线发生分离。如果把凹透镜放在眼睛和物体之间，可以使物体看起来变小。

# 18. 颠倒的影像

一张普通的透明纸上竟然可以呈现颠倒的影像，为什么它也能像照相机一样留影呢？

## 准备工作

- 一张透明纸
- 一卷双面胶带
- 一个硬纸盒
- 一把剪刀

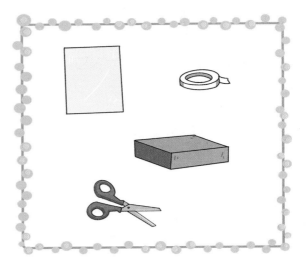

## 跟我一起做

**1**

用剪刀将硬纸盒的一面剪下来。

**2**

在硬纸盒剪下来的一面用双面胶将透明纸贴在上面，透明纸要贴得平整一些。

**3** 用剪刀在透明纸对面的硬纸盒面上戳一个小孔，将小孔对准窗外，调整好距离，你会看到什么现象？

明明向上生长的小花，怎么向下生长了呢？

 **观察结果**

你会看到，透明纸上映出窗外景物上下颠倒的影像。

 **怪博士爷爷有话说**

这个实验说的是小孔成像现象。窗外景物上部反射的光线沿直线传播透过小孔，照在透明纸的下部；景物下部反射的光线沿直线传播透过小孔，照在透明纸的上部，这样透明纸上就映出了窗外景物上下颠倒的影像。

# 19. 跑进勺子里的像

一把非常普通的勺子，除了作为餐具，还能当镜子用呢！不信，你可以对着勺子说话，看看勺子里面是不是有一个你。

## 准备工作

- 不锈钢勺子
- 干净的毛巾
- 一朵花

## 跟我一起做

小花儿真好看！这次又是个怎样的实验呢？

**1** 用毛巾将勺子擦干净。

**2**

用勺子正面对着一朵花，你看勺子里面有什么？

## 观察结果

你会发现，勺子表面映出了花朵，而且是颠倒了的变小的像。

## 怪博士爷爷有话说

实际上，勺子就是一个凹面镜。实验中，照射到花朵的光线落在勺子的凹面上，光线反射回来后，上面的光线跑到了下面，下面的光线跑到了上面，因此，能在勺子里看到倒立缩小的像。小朋友，快拿出你的其他物品，看看用勺子还能映出哪些像？

# 20. 摸不到的小球

看起来真实的小球用手却摸不着，你想体验一下吗？快来一起做做看。

## 准备工作

- 一个塑料小球
- 一面凹面镜
- 一个手电筒
- 几颗钉子
- 几根木条
- 一把锤子
- 一个纸盒
- 一把剪刀
- 一卷胶带
- 一根细棉线

## 跟我一起做

**1** 用木条做一个夹子，这样可以安全地放置凹面镜，用钉子将木条钉牢固。

**2** 用剪刀将纸盒一个侧面剪掉，用胶带和线将小球吊在纸盒的顶面上。

好奇宝宝科学实验站

**3**

将盒子放在凹面镜前边的适当位置，使纸盒的开口对着凹面镜。打开手电筒，让光线从小球的侧面照过去。

**4**

在黑暗的房间里，从纸盒的后上方观察，上下调整凹面镜的位置，直到看到小球为止。

**5**

用手摸一摸镜子前的小球，能顺利摸到吗？

唉？小球跑到哪里去了？

观察结果

你会发现，居然无法摸到镜子前的小球。

怪博士爷爷有话说

为什么能看到小球却摸不到呢？这是因为光的折射的缘故。根据光的折射原理，凹面镜也可以成像，如果我们将物体用东西遮住，在障碍物后边观察时，将会看到物体的像，但这个看起来似乎真实的像，用手却摸不着。小朋友，不要被你的眼睛欺骗了呀！

# 21. 近在眼前的月亮

小朋友们都听过猴子捞月亮的故事吧，近在眼前的月亮确实美，我们接下来做一个关于月亮的实验。

## 准备工作

- 一面凹面镜
- 一面平面镜
- 一个放大镜
- 一扇窗户

## 跟我一起做

这个实验必须要在晚上进行，透过窗户能看到月亮。

**1**

选择一个有月亮的晚上，把凹面镜放在窗前，朝向月亮。

站在窗前，慢慢地将平面镜转向自己，使你看到反射在凹面镜中月亮的像，然后透过放大镜观看平面镜里的月亮。

结果看到了什么现象呢？

观察结果

在平面镜里，月亮看起来更近了，仿佛伸手可摘，放大镜让月亮看起来更大了。

怪博士爷爷有话说

月亮为什么看起来伸手可摘呢？那是因为凹面镜反射并拉近了月亮的像。由于平面镜的镜面不是弯曲的，因此它真实地反射了月亮的像，并通过放大镜将它反射回去，使得像被放大。放大镜的工作原理也是这样，利用了光的反射性。

# 22. 近视眼的烦恼

我们知道近视眼有许多不方便的地方,最简单的就是看不清远处的东西,但是在下面这个实验中,近在眼前的东西你也未必能看清。

## 准备工作

● 一个近视眼的小朋友
● 一面镜子

## 跟我一起做

**1**

让近视眼的小朋友摘下眼镜,背靠着窗户站立,拿出一面镜子。让这个小朋友看镜中的景色。

为什么距离这么近看起来还这么模糊呢？

2

让小朋友距离镜面非常近，在20厘米以内，你猜这个小朋友能看清吗？

好奇怪啊，好想知道这是怎么一回事。

观察结果

看不清！看不清！

近视眼的小朋友回答什么也看不清。

怪博士爷爷有话说

　　为什么距离镜子这么近，却看不清镜中的景色呢？这是因为镜子里能看到的东西，实际上来自于物体的光线被镜面反射所成的像。近视眼的朋友距离镜子看起来很近，其实真正的距离是实际景物与镜面的距离加上眼睛到镜面的距离。所以，无论距离镜子多么近，都无法看清楚。小朋友，你们一定要注意保护好自己的视力呦！

# 23. 制作简易照相机

许多小朋友都使用过照相机，照相机是利用凸透镜成像原理制成的，你知道它是怎么拍出照片的吗？跟随怪博士爷爷一起做一个简易照相机，就知道是怎么回事了。

## 准备工作

- 一个有盖子的鞋盒
- 一支毛笔
- 黑色颜料
- 一张蜡纸
- 一把剪刀

## 跟我一起做

**1** 用毛笔蘸上黑色颜料，涂在鞋盒内部，注意六面都要涂上。

**2** 在鞋盒一侧的中间，剪一个5厘米×10厘米的长方形开口，将比开口大的蜡纸粘贴在开口上。

使用剪刀时要注意安全。

**3**

在鞋盒另一端的中间位置，用剪刀小心地挖出一个直径为 0.5 厘米的洞。

**4**

把照相机的小开口瞄准某个物体进行观察。

真的能照相吗？好期待啊！

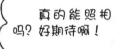

**观察结果**

你会发现，物体投射到蜡纸上的影像都是倒立的。

怪博士爷爷有话说

这个实验的原理是透镜成像原理。我们知道光是沿直线传播的，影像顶端的光线直射到长方形开口的底部，而影像底部的光线则直射到长方形开口的顶部，所以我们看到的影像是倒立的。

# 24. 制作简易望远镜

望远镜能够帮助我们看清远方的景物,可谓是出门旅行、居家必备的工具,下面跟随我们一起来做一个简易的望远镜吧。

## 准备工作

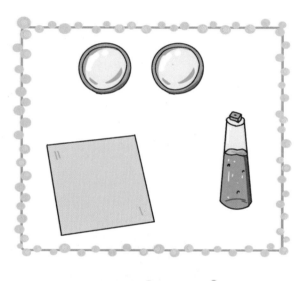

- 两个放大镜镜片
- 稍硬的白纸
- 一瓶胶水

## 跟我一起做

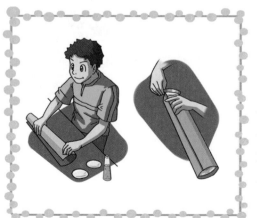

**1**

先将白纸卷成圆筒状,再用胶水将纸筒的一端粘贴在一个放大镜镜片上,另一端也粘贴在另一个放大镜镜片上,这样,一个简易的望远镜就做好了。

**2** 　　　　用这个望远镜来观看远方的景物，你会有什么新发现？

## 观察结果

你会发现，远方的景物仍然呈现倒立状，但是明显比肉眼看起来要大得多。

## 怪博士爷爷有话说

　　望远镜的目镜和物镜构成了一个透镜组，两者都是凸透镜。光线经过凸透镜折射后，所产生的影像为放大、倒立的虚像，但是因为经过了两个凸透镜的折射，所以远方的景物被放大了很多。有小朋友问我这样的问题："日常用的望远镜放大倍数越大，看得越远吗？"我给大家说说，望远镜能看多远并不单单取决于它能放大的倍数，而是跟许多因素有关，例如：出瞳直径、视野等。如果放大倍数超过望远镜规格所允许的标准，望远镜的清晰度反而会下降。

# 25. 自制投影仪

投影仪是课堂教学必不可少的仪器，老师常常将幻灯片里的内容用投影仪投射到墙面上。小朋友，你知道投影仪是如何放大幻灯片里的内容的吗？

### 准备工作

- 一个手电筒
- 一张透明描图纸
- 一根小木条
- 一卷胶带
- 一个放大镜
- 一张幻灯片

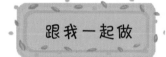

### 跟我一起做

尽量粘得牢固一些。

将透明描图纸包在手电筒前面，并用胶带粘好。

将幻灯片贴在透明描图纸的外面，也用胶带粘好。

将胶带把放大镜固定在小木条的一端，并把手电筒固定在小木条的另一端。注意，让手电筒的头朝向放大镜。这样一台简易的投影仪就做好了。

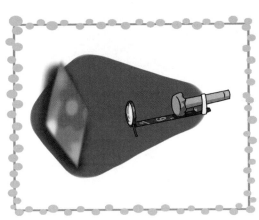

**4**

来到一个黑暗的房间里，打开手电筒，对着白色的墙壁照射过去，你会看到什么现象？

会出现幻灯片吗？好期待啊！

观察结果

你会看到墙壁上出现了一个放大的幻灯片图像。

怪博士爷爷有话说

实验中的投影仪是根据凸透镜成像原理制作的。打开手电筒后，光照到了幻灯片上，接着又照到了放大镜上。因为幻灯片能够显示与原物一样的图像，而放大镜能够放大物体的图像，所以墙面上就会出现一个与幻灯片图像一模一样，并且放大的图像。小朋友，你懂了吗？

# 26. 变清晰的毛玻璃

你知道吗？用一条透明胶带贴在毛玻璃上就能看见清晰的景物了。想知道为什么吗？跟我们一起来做下面的实验吧。

## 准备工作

● 一块毛玻璃
● 一卷宽透明胶带
● 一把剪刀

## 跟我一起做

**1** 透过毛玻璃，你无法看清外面的景物。

**2** 剪下一段透明胶带，将它贴到毛玻璃上，注意将透明胶带贴平整。

**3**

现在再从贴有透明胶带的毛玻璃一侧往外看，你会有什么新发现吗？

到底能不能看清呢？

**观察结果**

居然能够看清了，这太不可思议了，到底是怎么回事呢？

**怪博士爷爷有话说**

第一步实验中，我们知道透过毛玻璃是无法看清外面景物的，这是因为毛玻璃凹凸不平的表面会把射来的光线向四面八方散射出去，所以你很难看清楚毛玻璃后面的景物。在毛玻璃表面贴上透明胶带，透明胶带抹平了不平整的玻璃表面，光线就能平行透过毛玻璃，这样就能清楚地看到毛玻璃后面的景物了。

# 27. 水滴放大镜

你想象不到水滴也能变身放大镜吧，快来一起做做看。

- 一块透明薄膜
- 一张硬纸板
- 水
- 一张报纸
- 一卷胶带
- 一把剪刀

**跟我一起做**

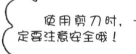

使用剪刀时，一定要注意安全哦！

**1**

用剪刀在硬纸板中间剪一个小洞。

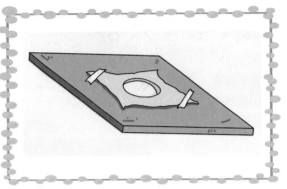

**2** 将透明的薄膜盖在小洞上，用胶带将薄膜贴在纸板上。

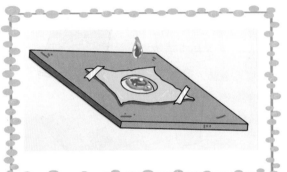

**3** 小心地在薄膜上滴几滴水，这样一个水滴放大镜就做好了。

**4** 将这个水滴放大镜放在报纸上，你会发现什么现象？

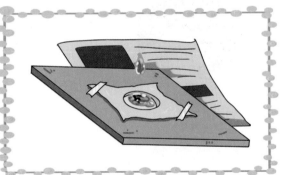

**观察结果**

报纸上的字变大了，还真有放大的功效。

怪博士爷爷有话说

　　为什么水滴变身成为放大镜了呢？我们一起来看看滴在薄膜上的水滴，因为它中间厚、两边薄的特性，从而形成了一个凸透镜，达到了聚光的作用，所以才能像放大镜一样将报纸上的字放大。光线进入水滴放大镜后，发生了折射，当光线经过凸透镜后进入眼中时，我们就能看到凸透镜上变大的物体图像。小朋友们，是不是很好理解呀！

# 28. 消失的字迹

把纸浸在水里，字迹就出现了，是什么样的纸才会有如此神奇的功效？我们一起来做做看吧！

## 准备工作

- 两张纸
- 水
- 一支圆珠笔
- 装有半盆水的盆

## 跟我一起做

**1** 将一张纸放在水里浸一下，然后将另一张纸放在湿纸上面，再用圆珠笔在干纸上写上一句话。

**2**

写的字被印到下面的湿纸上，过一会儿，等到湿纸干了以后，你看看字有什么变化？

消失的字迹

**3**

把干了的湿纸再次浸入水中，纸上的字又会发生什么变化？

为什么字迹一会儿消失不见，一会儿又出现呢？

观察结果

第二步中，你会发现，字消失不见了。
第三步中，你会发现，字又出现了。

怪博士爷爷有话说

这个实验主要与光对介质的穿透能力有关。用圆珠笔在干纸上写字，通常会比较用力，这样会压缩纸张的纤维。将纸浸湿了以后，写过字的地方可以正常透过光线，因为没有油墨，所以会看不到字。而重新浸湿以后写过字的地方因为纤维的压缩而无法透过光，所以字又呈现出来了。

# 29. 隐形的字

## 准备工作

- 一个紫光灯
- 一根棉花棒
- 含有荧光剂的无色清洁剂

## 跟我一起做

等字写好干了以后，会发生什么现象呢？

**1**

用棉花棒当作笔，将清洁剂当成墨水，在手臂上写字。

2

打开紫光灯，将手臂放在紫光灯下，又会发生什么？

糟了，写在手臂上的内容全都暴露了。

## 观察结果

第一步中，等字干了以后，居然什么都看不见。
第二步中，写在手臂上的字闪闪发光。

## 怪博士爷爷有话说

　　大部分清洁剂中都含有荧光剂，尽管紫光看起来很暗，但是其中包含一种肉眼看不见的紫外线。当这种光照射在荧光材料上时，就会变成可见光。所以，手臂上的字在白光下看不出来，但是因为里面含有荧光剂，在紫光下就完全呈现出来了。

# 30. 消失的时间

　　光的直线传播和光的波动性，使得光波具有向四面八方振动的特性，偏光太阳镜就是利用光的这种波动特点制成的，接下来就来做一个关于偏光太阳镜的实验。

## 准备工作

● 偏光太阳镜
● 有数字显示的电子表

## 跟我一起做

**1**

　　戴上偏光太阳镜，观察手表显示的时间，确认显示正常。

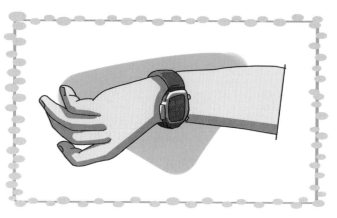

慢慢地旋转手表，显示时间的数字有什么变化？

继续慢慢地旋转手表，数字还会出现吗？

为什么显示时间的数字一会儿消失，一会儿出现呢？

观察结果

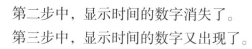

第二步中，显示时间的数字消失了。

第三步中，显示时间的数字又出现了。

怪博士爷爷有话说

让我们一起来揭开偏光太阳镜的秘密。

我们知道光是从各个方向射进来的，但是偏光镜会过滤掉从垂直方向射过来的光。通常情况下，发光体发出来的光是水平的，当这些光与偏光太阳镜表面成直角时，会被偏光太阳镜截住。所以，当电子手表与偏光太阳镜表面成直角时，手表上的时间就消失了；而继续旋转手表时，光线与偏光太阳镜所成的角度不再是直角，所以时间又出现了。

# 31. 变色的陀螺

由红色、橙色、黄色、绿色、蓝色、靛蓝色和紫色7种颜色构成的彩色陀螺，旋转起来会是什么样子呢？让我们一起来见证一下吧。

## 准备工作

- 一张白色卡纸
- 一颗钉子
- 一个量角器
- 几支彩色铅笔
- 一个圆规
- 一把剪刀

## 跟我一起做

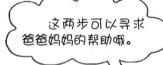

这两步可以寻求爸爸妈妈的帮助哦。

**1** 用圆规在卡纸上画出一个直径为12厘米的圆，并剪下来。

**2** 借助量角器，将这个圆分成7等份，每一份的角度大约是51°。

**3**

用彩色铅笔在圆上分别涂上红色、橙色、黄色、绿色、蓝色、靛蓝色和紫色。

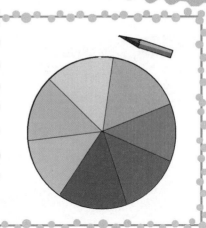

**4**

让钉子穿过圆盘的中心，尖头朝下。

**5**

像陀螺一样快速转动圆盘，观察圆盘上的颜色。

圆盘上的颜色会有什么变化呢?

观察结果

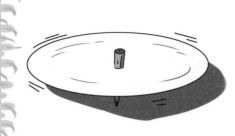

旋转过程中，你会发现，颜色居然消失不见了，圆盘看起来就像是白色的。

怪博士爷爷有话说

太阳光是由 7 种颜色的光组成的。如果按 7 种光的色彩和比例涂在纸片上，当陀螺旋转起来时，由于人眼有视觉暂留现象，在视网膜上 7 种颜色的光叠加在一起，就引起了白色的视觉，所以彩色陀螺旋转起来就变成了白色。

# 32. 旋转的圆盘

圆盘上只有黑白两种颜色，为什么旋转起来却能看见蓝色和红色呢?

## 准备工作

- 一张白纸
- 一瓶黑色的墨水
- 一把剪刀
- 一张硬纸板
- 一根牙签
- 一支带有橡皮擦的铅笔

这一步考验小朋友们的画图能力哦!

## 跟我一起做

**1** 在白纸上剪下一个直径为12厘米的圆，一半用墨水涂成黑色。再将白色那边分成大小相同的4部分。其中3个部分分别画出3条圆弧线，如右图所示。

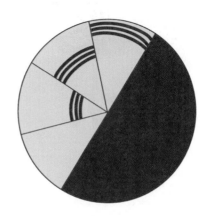

**2** 拿出硬纸板，剪一个直径为 12 厘米的圆，将硬纸板的圆与第一步中的圆放在一起。

**3** 用牙签将两个圆插在一起，再一起插在铅笔的橡皮擦上。

**4** 分别快速和慢速旋转圆盘，你会有什么发现？

旋转圆盘时的速度不同，对视觉会产生影响吗？

观察结果

快速旋转圆盘时，圆弧线似乎连在一起，形成了 6 个圆环。慢速旋转圆盘时，你会看到红色和蓝色两个圆环。

怪博士爷爷有话说

　　圆弧消失后，眼睛在短时间内还能继续看到它们，所以我们看圆弧好像合在了一起。当我们旋转圆盘时，瞬间看到白光，随即看到圆盘的黑色部分。但是，我们的眼睛只会记得色谱中，波长较短的蓝光以及波长最长的红光。虽然波长最短的是紫光，但紫光比较弱，人们很难记住它，而排在紫光前面的蓝光则容易被人记住，所以我们才会看到红色和蓝色的环。

# 33. 白纸上的彩虹

## 准备工作

- 一个手电筒
- 一个玻璃容器
- 一面平面镜
- 一张白色卡纸
- 水

## 跟我一起做

将水倒在玻璃容器里。 **1**

将镜子放在水中，稍微倾斜一点靠在玻璃容器边上。 **2**

**3**

打开手电筒，将光对准浸没在水中的部分。

**4**

将白纸拿到镜子前，拦住镜子反射的光。

白纸上会发生什么变化呢？

观察结果

白纸上竟然呈现出彩虹的颜色。

怪博士爷爷有话说

　　小朋友，你们知道为什么白纸上会呈现出彩虹的颜色吗？这是因为，镜子反射的光束从水中射出后，被折射了的缘故。组成白光的几种颜色的光在未经折射前具有相同的角度，光束经镜子反射在水中射出后，被折射了，因此会落在纸上不同的点上，从而呈现出了彩虹的颜色。

# 34. 三原色实验

## 准备工作

- 两个手电筒
- 两根橡皮筋
- 一张白纸
- 一支油画笔
- 一个盘子
- 两张透明塑料纸，一张红色，一张绿色
- 绿色、红色、黄色和蓝色的颜料

## 跟我一起做

**1** 　用橡皮筋将两张塑料纸分别固定在手电筒上。

**2** 　打开手电筒，将光对准白纸，然后将两个光束重叠。会有什么变化？

**3**

　　取等量的红色和绿色颜料，在盘子中用油画笔将它们混合。会有什么变化？

**4**

　　将油画笔涮干净，然后按同样的方法混合黄色和蓝色颜料。会有什么变化？

> 混合后的颜色究竟会是什么样子的呢？

## 观察结果

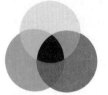

　　第二步中，两种光重叠的区域看起来是黄色的。

　　第三步中，红色和绿色混合后接近棕色。

　　第四步中，黄色和蓝色混合后呈绿色。

**怪博士爷爷有话说**

　　光的三种原色是绿色、红色和蓝色，它们两两结合，可以混合出其他颜色，称为间色。颜料的三原色则是品红、蓝青色和黄色。

　　将光的三原色放在一起可以得到白光，而将颜料的三原色放在一起却会得到一种很深的近乎是黑色的颜色。

　　认识了颜色混合的原理，小朋友快拿起你们手中的画笔，画出你们想要的颜色吧！

# 35. 七色光

你知道怎样将光分解成多种颜色吗？让我们一起来做下面的实验吧！

## 准备工作

 一杯水
 一瓶无色的指甲油

## 跟我一起做

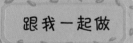

**1** 在不受阳光直射的桌面上放一杯水。

**2** 用指甲油瓶中的指甲刷，滴一滴指甲油在杯中的水面上。

**3** 注意观察水面，左右晃动你的头，从不同角度进行观察。

漂浮着指甲油的部分，会浮现怎样的颜色呢？

**观察结果**

你会发现，在水面上漂浮着指甲油的部分，会浮现出彩虹般的颜色。

**怪博士爷爷有话说**

指甲油会在水面上形成一层薄膜。当入射光线遇到这层薄膜时，一部分光线会从薄膜表面直接反射回来。一部分光线会透过薄膜表面，从薄膜底层反射回来。从薄膜表面反射回来的光线和从薄膜底层反射回来的光线会发生重叠，这样，我们就能看到不同的颜色。如果这两种反射光线刚好错开，不会重叠，那么，就无法看到彩虹般的颜色了。这种彩虹般的颜色就是"光谱"。

# 36. 红色滤镜

## 准备工作

- 一张白纸
- 几支水彩笔
- 一张红色透明塑料纸

## 跟我一起做

**1** 　用水彩笔在白纸上涂上不同的颜色。

**2** 　透过红色透明塑料纸观察这些颜色。

这些颜色会发生什么变化呢?

**观察结果**

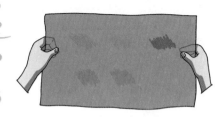

你会看到整张纸都是红色的,而在这红色中只能分辨出一些颜色较深的颜色的痕迹。

**怪博士爷爷有话说**

　　小朋友们应该非常想知道红色透明塑料纸的作用吧!实际上这里的红色透明塑料纸相当于一个滤镜,只让红色的光向着我们眼睛的方向射过来,而其他颜色的光都被吸收。同理,安装在反射镜和手电筒上的滤镜会阻挡白光中的其他颜色的光,只让滤镜自身颜色的光穿过,因此经过滤镜射出来的光就会呈现出我们想要的颜色。

# 37. 天空的颜色

## 准备工作

- 一个大的玻璃瓶
- 水
- 牛奶
- 一个手电筒

## 跟我一起做

**1** 把水倒进玻璃瓶，在水里加一些牛奶。

**2** 打开手电筒，让光从上方照进水里。会发生什么现象？

发生了什么现象呢?

**3** 将手电筒的光对准玻璃瓶外壁,然后从玻璃瓶的另一侧透过水观察照射过来的光。

## 观察结果

第二步中,水看起来带一点蓝色。

第三步中,水染上了一层淡淡的粉色,而被手电照亮的部分则呈现出橙黄色。

## 怪博士爷爷有话说

光束的位置发生改变后,被牛奶搅浑的水会折射光,形成跟之前不同的颜色。同理,大气层中也是这样,太阳挂在高空时看起来是黄色的,如果是晴天,天空看起来是蓝色的,因为大气层隔绝了其他的颜色。黄昏时太阳的颜色变成了红色,天空也染上了红色和橙色,因为此时太阳的位置发生改变,只有这两种颜色能够穿过大气层折射到地面。

# 38. 看电视开灯的原因

你了解电视画面的频闪是指什么吗？如果你知道了，就不会整天盯着电视机看动画片了，也不会关灯看电视了。

## 准备工作

- 一台电视机
- 一支铅笔

## 跟我一起做

**1**　开着灯，在打开的电视机前，快速地上下晃动铅笔，然后观察铅笔晃动的情形。

**2** 在一个黑暗的房间，打开电视机，在电视机屏幕前拿着铅笔，快速地晃动几次。

观察结果

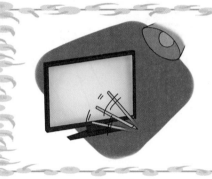

在电灯开着的时候，晃动铅笔会产生一种连续性的模糊影响。在黑暗的房间里，在电视机前，你会看到铅笔是不连续、分离的影像。

怪博士爷爷有话说

这是因为来自电视屏幕的光线是断断续续的，所以电视机前的铅笔晃动时会显现各自分离的状态。假如荧光屏每秒钟闪过 30 幅图像。在每幅图像出现之前，屏幕是黑色的，当铅笔刚好处在黑色的屏幕前时，人们就看不到铅笔，所以看起来铅笔会在不同的位置中移动。我们平常看电视时，根本无法感觉到这种画面闪动的变化。

如果长期在黑暗中看电视，会让人的视力下降，造成视觉疲劳。所以小朋友们，以后晚上看电视要记得开灯哦。

# 39. 闪闪发光的砂糖

我们知道砂糖是甜的，但是如果告诉你砂糖还会发光，你会相信吗？

## 准备工作

- 一袋白砂糖
- 一个瓷碗
- 一个瓷杵
- 一把小勺

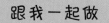

## 跟我一起做

先关掉房间里所有的光源，再将窗帘拉好，营造成一个暗室。先在暗室中待 3 ~ 5 分钟，等眼睛适应周围的环境后，取 2 ~ 3 勺白砂糖放入一个瓷碗中。**1**

**2** 用瓷杵慢慢研磨，并逐渐加快研磨速度。

**3** 大约3分钟后，观察瓷碗里的变化。

**观察结果**

你会看到，瓷碗中的砂糖发出浅蓝色的光，如果继续慢速研磨，你会看到杵头周围有浅蓝色的光环。

**怪博士爷爷有话说**

为什么会出现浅蓝色的光呢？这是由于砂糖晶体的带电棱角相互摩擦而产生的，当所有的棱角都被磨掉后就不再发光了。你可以取一块精制的方糖，放在水泥地面上轻轻划几下，就会看到经摩擦的方糖表面会发出微弱的蓝光，但是很快就消失了。换一个表面在水泥地面上划几下，还会看到微弱的蓝光。

# 40. 有变化的硬币

我们通常看到 1 元硬币的大小都是固定不变的，如果给硬币加热，会发生什么变化呢？

## 准备工作

- 一枚 1 元硬币
- 一个鞋盒
- 两颗钉子
- 一根蜡烛
- 一个镊子
- 一个打火机
- 一个盘子

## 跟我一起做

这一步可以请大人来帮忙。

**1** 在鞋盒上面插上两根钉子，让钉子之间的距离恰好为硬币的直径。

注意别被烛泪烫到哦！

点燃蜡烛，并将其固定在盘子上。

用镊子夹起硬币，放在  烛火上烤一会儿。

将硬币放在两颗钉子之间。

有什么神奇的现象发生了吗？

等硬币冷却下来，再将它放到两颗钉子之间，又会发生什么现象？

## 观察结果

第四步中，你会发现硬币变大了，无法通过这两颗钉子的间隙。

第五步中，硬币冷却后，又能顺利通过了。

## 怪博士爷爷有话说

实验中的硬币为什么一会儿能通过间隙，一会儿又不能了呢？这是因为硬币会随着温度的变化而变化，这种现象就是热胀冷缩。一般状态下，物体受热以后都会膨胀，受冷后都会缩小。所以才会出现上述实验中的情况。

# 41. 瓶子吹气球

通常,我们都得用嘴或打气筒吹气球,下面教给大家一种新的吹气球方法。

## 准备工作

- 一个没有盖子的塑料瓶
- 一台冰箱
- 一个气球
- 一个水盆
- 热水

## 跟我一起做

小朋友们思考一下,将塑料瓶放进冰箱是为什么呢?

 **1** 将塑料瓶放进冰箱里,一个小时后拿出来。

 **2** 对气球多次吹气和放气,使气球膜变松。

**3** 先将气球紧紧套在冰冻过的塑料瓶瓶口上，再将塑料瓶放进水盆里，然后用热水烫塑料瓶。注意观察气球的变化。

## 观察结果

你会看到，气球逐渐变大。

## 怪博士爷爷有话说

实验中，利用了加热空气体积就会增大的原理。当温度降低时，塑料瓶里的空气就会被压缩，这会让更多的空气跑进塑料瓶里。因此，放到冰箱里的塑料瓶会进入比平时更多的空气。另一方面，当我们从冰箱里取出瓶子后，往瓶身上浇热水，瓶子里空气的温度会迅速上升，空气体积也会迅速增大，并最终使气球鼓起来。

# 42. 会跳舞的水珠

你相信小水珠会跳舞吗？做完下面的实验，你就能看到它们蹦蹦跳跳的身影了。

## 准备工作

- 一个电饼铛
- 水

## 跟我一起做

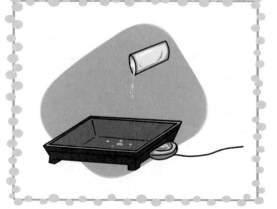

**1**

插上电饼铛的插头，进行加热（可以寻求家长的帮助，记得要注意安全）。

**2**

将几滴水滴在电饼铛上，让它们形成水珠状态。

**3** 仔细观察，小水珠会发生什么变化。

会有什么让人惊讶的现象吗？

## 观察结果

你会看到一个有趣的现象，小水珠在电饼铛上来回蹦跳，并发出"呲呲"的响声，直到完全消失。

## 怪博士爷爷有话说

小朋友们可以看到，当小水珠接触到电饼铛时，水珠的下半部分立即汽化，由此产生的压力将水珠托了起来。而汽化后形成的水蒸气不容易传热，所以整个水珠在没有达到沸点之前，都不会立即汽化，而是在电饼铛上滚来滚去，就像在跳舞一样。

# 43. 制作爆玉米花

街边卖的爆玉米花可真香啊，这里我们教给大家一个制作爆玉米花的方法，做完以后，听怪博士爷爷给我们讲讲爆玉米花的制作原理。

## 准备工作

- 黄油 20 克
- 白砂糖 15 克
- 爆裂玉米粒 40 克
- 一把铲子
- 一口密封性较好的平底锅

## 跟我一起做

下面的步骤可以请妈妈帮忙做，小朋友站在一旁观察即可。

**1** 取一口密封性好的平底锅，小火加热黄油至熔化。

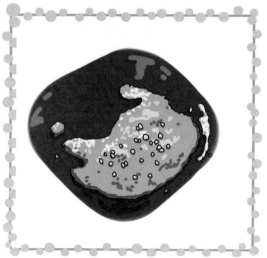

**2** 　　倒入白砂糖和干玉米粒，翻炒一下让干玉米粒均匀地裹上黄油和糖。

这时，注意观察玉米粒的变化哦。

**3** 　　盖上锅盖，继续小火加热，不一会儿就能听见"嘭嘭"的爆玉米花声。

　　中途可以一手持锅，一手压紧锅盖，上下来回晃动几次，让玉米粒受热均匀。 **4**

**5** 　　待锅里渐渐平静下来后，关火，打开盖，香甜的爆玉米花就完成了。

## 观察结果

玉米粒从小而硬的橙色颗粒，变成大而软的白色球状物。

## 怪博士爷爷有话说

生玉米看起来比较坚硬的部分称为外壳，就是我们吃玉米花时常会卡在牙缝里的那一部分。生玉米的外壳里包含着大量的淀粉物质，它们加热后会变成白而软的球状物。在淀粉物质里含有少量的水分，当玉米加热后，其中的水分就会开始蒸发变成气体。气体不断地膨胀，不断地用力推挤玉米的外壳，使它迸裂，内部的淀粉组织就会向外爆开。因为气体外泄以及外壳破裂，所以会发出"嘭嘭"的爆炸声。

# 44. 太阳能煮鸡蛋

太阳能的应用非常广泛，我们接下来做一个关于利用太阳能的小实验。

## 准备工作

- 一大张铝箔锡纸
- 旧纸牌
- 装有热水的小锅
- 几个生鸡蛋
- 一把剪刀
- 一卷胶带
- 20 根小木棒

## 跟我一起做

**1**

选一个晴天的午后，将装有热水的小锅放在阳光下的草地上。

**2**

用剪刀将铝箔剪成 20 份，每份都是纸牌的两倍大小。然后将铝箔发亮的一面朝外，包在纸牌上，做成 20 面小镜子。接着，在每面小镜子上粘贴一根小木棒，用胶带固定好。

**3** 将小镜子插在草地上，让它们的反射光线聚集在锅里。

**4** 将生鸡蛋放进锅里，一段时间后，观察锅里的变化。

**观察结果**

你先会看到锅里的水沸腾起来，再过一段时间后，锅里的鸡蛋全都熟了。

怪博士爷爷有话说

　　铝箔跟太阳光有什么关系呢？铝箔是一种不透光的材质,因此太阳光大部分都被铝箔反射了出去。只要调整好角度,这些被反射的光线就会聚焦在锅里,产生热量。锅里的水吸收了热量后,温度上升,持续一段时间,水达到沸点并沸腾起来,鸡蛋就会被煮熟了。

# 45. 自制简易太阳钟

利用太阳，我们就能够知道时间了，这是不是很神奇呢？下面跟我们一起来制作一个简易的太阳钟吧！

**准备工作**

- 一块硬纸板
- 一根小木棍
- 一个圆规
- 一支铅笔

**跟我一起做**

**1** 用圆规在硬纸板上画出一个直径为 25 厘米的圆。在圆心处戳个小洞，并将小木棍固定在那个洞里。

**2** 选一个阳光充足的日子，将做好的圆形硬纸板放在阳台上，固定好。

**3**　　整点的时候，沿着小木棍在硬纸板上的投影画线，并在线旁边注明时刻。硬纸板上就会被画上一组线。

　　不要移动做好的太阳钟，在晴天时，就可以用这个太阳钟计时了。　**4**

那么，怎么用太阳钟计时呢？

**观察结果**

　　你可以根据木棍的投影，说出准确的时间。

怪博士爷爷有话说

　　实验里的太阳钟是利用小木棍背着阳光的投影做成的。在太阳钟上，小木棍的投影随着太阳的移动而变化。过去一段时间，投影就改变一次。实际上，太阳并没有移动，而是地球围绕着太阳在不停地转动，所以，我们才能看到太阳东升西落。小朋友，是不是很简单呀！

# 46. 能吞鸡蛋的瓶子

开口比鸡蛋还小的瓶子，却能够将鸡蛋吞下去，让我们一起来看看其中有什么诀窍？

## 准备工作

- 一个开口比鸡蛋略小的瓶子
- 一个去壳的熟鸡蛋

## 跟我一起做

摇晃玻璃瓶时，保护好手，以免被热水烫到。

**1** 往玻璃瓶里倒入热水，摇一摇，将热水倒掉。

**2** 将鸡蛋放在玻璃瓶的瓶口处，仔细观察。

## 观察结果

没过多长时间，你会发现，鸡蛋被瓶子吞进去了。

鸡蛋为什么被瓶子吞进去了？

## 怪博士爷爷有话说

热水里的水蒸气会将玻璃瓶里的空气排出去。放上鸡蛋以后，鸡蛋跟瓶口严密地闭合起来。这个密闭的瓶子冷却以后，水蒸气就会凝结成水，于是瓶内的气压下降，瓶子外的气压就把鸡蛋压到瓶子里。所以，在我们看起来，好像瓶子吞下了鸡蛋一样。

好奇宝宝科学实验站

# 47. 分不开的碗

小朋友，你遇到过这样的情形吗？当你拿起一个碗，另一只手根本没有碰到碗，但是它也能跟着被提起来，浮在空中。让我们一起来体验一下吧！

## 准备工作

● 两只一样的碗
● 一张报纸
● 自来水
● 热水

## 跟我一起做

注意用适量的自来水浸湿报纸。

**1** 将报纸对折两次，折成大小相同的四页，然后用自来水浸湿，盖在一只碗上。

注意不要被烫伤哦！

**2** 在另一只碗中倒入半碗左右的热水，然后将热水倒掉，立刻扣在报纸上。扣的时候一定要跟下面的碗对齐。

**3** 一分钟过后，用手提起上面的碗，下面的碗会跟着起来吗？

为了安全考虑，可以在碗的下面铺上一块泡沫板。

观察结果

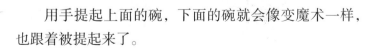

用手提起上面的碗，下面的碗就会像变魔术一样，也跟着被提起来了。

怪博士爷爷有话说

为什么下面的碗会被提起来？先来看看加入热水然后又倒掉的碗里有什么奥秘吧！加入热水又倒掉的碗里面充满了水蒸气，而空气被排出来。这时，将它密闭又冷却，水蒸气就会凝结成水，碗内的气压就跟着下降。于是，大气压力就将两只碗紧紧地扣在了一起。如果想让这个实验效果更明显一些，可以在两只碗里都加入热水再倒掉，这样的话，两只碗就更不容易分开了。

# 48. 蜡烛散热器

我们在点燃蜡烛的时候，蜡烛通常会不断地"流泪"，这是因为蜡烛燃烧时释放的热量，使烛芯处的石蜡熔化得太多的缘故。怎么才能让蜡烛不"流泪"呢？

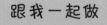
**准备工作**

- 铁皮（可以用罐头盒）
- 一根蜡烛
- 一颗钉子

**跟我一起做**

**1**

用钉子在铁皮上钉几个小孔。

**2**

将铁皮弯成漏斗状，这样，一个简易的蜡烛散热器就做好了。

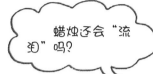

将蜡烛散热器套在蜡烛烛焰的下方。点燃蜡烛，观察蜡烛的变化。

蜡烛还会"流泪"吗？

## 观察结果

你会发现，蜡烛不再"流泪"了。

## 怪博士爷爷有话说

铁皮为什么能阻止"烛泪"的产生呢？这是因为漏斗状的铁皮将蜡烛燃烧时产生的多余热量传导出去，并散发掉的缘故。铁皮上的小孔，还有利于空气对流，以供给蜡烛燃烧时所需的氧气。

# 49. 自制温度计

如果我们想要准确地测量温度，离不开温度计的帮忙。可是你知道温度计是如何工作的吗？

## 准备工作

- 一个汽水瓶
- 一根透明吸管
- 红色颜料
- 水
- 一支签字笔
- 一块橡皮泥
- 一把剪刀
- 一把直尺

## 跟我一起做

在汽水瓶里加入大半瓶水，并加入一些红色颜料。

用直尺在吸管上做标记，每隔 1 厘米用签字笔画一个记号。

**3**

　　将吸管插入汽水瓶里，然后用橡皮泥将瓶口密封好。这样，一个简易的温度计就做好了。

**4**

　　将做好的温度计分别放在太阳光下或者暖气旁边，记下吸管中的水位，然后再将它放到冰箱里，记下吸管中的水位。

**5**

　　比较两次吸管中水位的变化，有什么不同？

吸管里水位的变化跟温度有什么关系呢？

**观察结果**

　　通过比较，你会发现吸管中的水位在温度高时会上升，在温度低时会下降。

怪博士爷爷有话说

小朋友们能够看到，当我们将温度计放在温度较高的地方时，瓶子里的空气受热后会膨胀，将瓶子里的水压进吸管里，所以吸管内的水位会上升；当瓶子里的空气遇冷收缩时，瓶子外的空气会将吸管里的水压进瓶子里，所以吸管里的水位会下降。我们平常用的温度计就是利用物体热胀冷缩的原理制成的。

# 50. 自制孔明灯

孔明灯又叫天灯，相传是由三国时的诸葛孔明（即诸葛亮）所发明。当年，诸葛孔明被司马懿围困在平阳，无法派兵出城求救。诸葛亮算准风向，制成会飘浮的纸灯笼，系上求救的信息，后来果然脱险，于是后世就称这种灯笼为孔明灯。

## 准备工作

- 三张大薄纸
- 一块固体酒精
- 一根细铁丝
- 一把老虎钳
- 一碗糨糊
- 一个打火机

## 跟我一起做

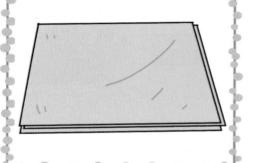

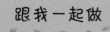

将三张大薄纸上下对齐叠放，如左图所示。

竖着对折（将宽度对折），在两边分别用笔画出弧形，并剪下多余的部分，如左图所示。

用糨糊将裁剪好的三张纸粘成一个三棱锥形。

用老虎钳钳一段细铁丝，并将细铁丝弯成一个圆环，中间用细铁丝固定成十字，并预留出放固体酒精的位置。

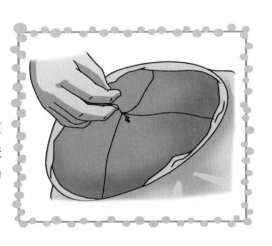

在做好的三棱锥形的底部周边涂上糨糊，用细铁丝圆环固定住，插固体酒精用的位置向里，如右图所示。

燃放孔明灯时，先要把纸撑开，再放上酒精，一个孔明灯就做好了。

## 观察结果

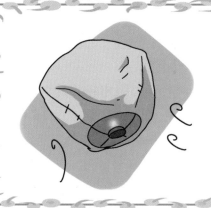

点燃固体酒精，十几秒过后，热气使孔明灯膨胀起来，松开孔明灯后，它瞬间升向空中。

## 怪博士爷爷有话说

这个实验利用了空气受热膨胀的原理。点燃固体酒精后，孔明灯内的空气受热，体积就会膨胀所以会向外跑出一部分，这时，孔明灯受到的空气浮力大于灯的重量与其内部的空气重量之和，所以就会升向空中。

# 51. 塑料袋热气球

充气后的黑色塑料袋，在太阳光的照射下会像气球一样飞向天空，快来试试吧！

## 准备工作

- 一个黑色大塑料袋
- 一个吹风筒
- 一卷胶带
- 一根长线

## 跟我一起做

**1** 　将黑色的大塑料袋袋口收拢并抓紧，然后用吹风筒往里吹热风，让袋子膨胀起来。

**2** 收紧袋口，用胶带固定，用一根长线牢牢绑住。

**3** 拿到室外，像放风筝一样，松开绑扎黑色塑料袋的长绳，黑色塑料袋有什么变化？

它会像风筝一样飞起来吗？

观察结果

一段时间以后，黑色塑料袋竟然摇摇晃晃地升起来了。

**怪博士爷爷有话说**

黑色塑料袋为什么能够飞起来呢？这是因为它容易吸收太阳光的热，这样袋子里的空气会因为温度上升而膨胀。袋子里的空气膨胀之后密度就变小了，而膨胀的袋子因为体积变大，受到的空气浮力则跟着变大，袋子自然就会往上升了。小朋友们仔细想一想，除了实验中的黑色塑料袋，还有什么东西可以飞？

# 52. 在水里燃烧的蜡烛

我们都知道水火不相容的道理，可是，下面的实验里，我们会看到蜡烛在水里也能燃烧，快来一起做做看吧！

准备工作

- 一根蜡烛
- 一枚一元硬币
- 一个打火机
- 一个装了水的玻璃杯

跟我一起做

注意不要烧到手！

用打火机点燃蜡烛。

**2**

往一元硬币上滴一滴蜡油，再将蜡烛粘在硬币上。

**3**

将粘了硬币的蜡烛吹灭，放进装了水的玻璃杯里，等到蜡烛沉到水里，烛芯和水面几乎持平时，点燃蜡烛。

**4**

观察蜡烛的变化。

蜡烛会燃烧起来吗？

观察结果

你会看到，蜡烛在水里燃烧起来。太不可思议了！

怪博士爷爷有话说

蜡烛为什么没有被水浇灭呢？这是因为同体积的蜡烛比水轻，而同体积的硬币比水重，所以当我们把硬币粘贴在蜡烛底部时，蜡烛会依靠硬币直立起来，并与水面齐平。等到蜡烛点燃后，流下来的蜡油因为密度小于水，会浮在水面上，形成了一道天然的防水层，这样灯芯就不会被水打湿了，我们还能看到在水中燃烧的蜡烛。

# 53. 旋转的纸蛇

空气也是有力量的，在热空气的驱动下，纸蛇疯狂地旋转起来了。

## 准备工作

- 一张白纸
- 一盒彩笔
- 一根细线
- 一把剪刀
- 一根蜡烛
- 一个打火机
- 一根小木棍

## 跟我一起做

**1**

在白纸上画一个螺旋状的纸蛇，并用彩笔涂上颜色。

**2** 用剪刀沿着画好的线条将纸蛇剪下来，形成一个螺旋形的纸条，并在纸条一端的正中间戳一个小孔。

**3** 将细线的一头穿过纸条上的小孔，另一头则绑在小木棍上。

**4** 点燃蜡烛，将悬挂的纸蛇移动到火焰的上方，观察有什么现象发生。

当纸蛇遇到烛火，会发生什么呢？

观察结果

将纸蛇放在烛火上方时，可以看到纸蛇竟然自己旋转起来。

怪博士爷爷有话说

　　为什么会发生实验中的情形呢？这是因为点燃蜡烛后，蜡烛上方附近的空气被加热了，气体膨胀，密度减小，因此热空气就会跟着上升。热空气上升的过程中，撞上了纸条，一部分气流进入螺旋状的纸蛇中，所以纸蛇便跟着转动起来。

# 54. 纷纷扬扬的爽身粉

你见过爽身粉不用手来撒，自己就能飞起来吗？下面就让我们一起来见证这神奇的一幕吧！

## 准备工作

- 一盒爽身粉
- 一块手帕
- 一个台灯

## 跟我一起做

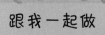

**1** 在手帕上撒一些爽身粉。

**2** 打开台灯，将沾有爽身粉的手帕拿到台灯上方。

**3** 抖开手帕，将爽身粉撒在台灯上方。

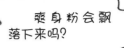
爽身粉会飘落下来吗？

**观察结果**

仔细观察，你会发现，爽身粉不但没有落下来，反而向上飞去了。

**怪博士爷爷有话说**

为什么爽身粉没有落下来呢？这是因为打开台灯以后，台灯的一部分电能转化为热能，灯管附近的空气吸收了热量，温度升高，体积变大，从而使密度减小。密度小的空气会上升，带动细小的爽身粉微粒也向上升起。因此，我们就能看到向上飞起的爽身粉了。

# 55. 喜欢沙子的栗子

我们在街边能看到卖糖炒栗子，炒的时候通常会加入沙子一起炒，你知道这是为什么吗？

准备工作

● 带壳的生栗子
● 沙子
● 一口炒锅
● 一把铲子

跟我一起做

**1**

将生栗子分成两份，其中一份放在炒锅里翻炒，不放沙子。翻炒一会儿，倒出来看下，栗子熟了吗？

**2**

先将另一份栗子放在炒锅里，再将沙子倒进炒锅里和栗子一起翻炒。炒一会儿，倒出来看下，栗子熟了吗？

炒栗子时，加沙子或者不加沙子到底有什么区别呢？

观察结果

第一步中，你会发现炒出来的栗子有生的，有熟的，有的还煳了。

第二步中，你会发现炒出来的栗子几乎都熟了，很少有炒煳或者半生不熟的。

怪博士爷爷有话说

　　为什么加了沙子的栗子更容易炒熟呢？这跟热传导有关。当我们将沙子和栗子一起炒时，因为沙子具有颗粒小、容易受热的特点，热沙子能够将栗子紧紧包裹住，这会让栗子上下左右都得到均匀一致的热量，栗子很容易熟透，而且还不会煳。小朋友，下次经过卖炒栗子的店铺时，你可以留意下他们的做法哦！

# 56. 弯曲的热量

我们知道，摩擦可以产生热量，那么，弯曲能不能产生热量呢？

## 准备工作

● 一根细铁丝
● 一根蜡烛

## 跟我一起做

注意保持一定的速度和力度。

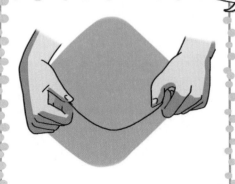

**1**

将细铁丝在同一位置快速地前后弯折 50 次。

**2** 迅速地将细铁丝弯曲处放在蜡烛上。

**3** 仔细观察，蜡烛有变化吗？

 观察结果

为什么蜡烛会熔化呢？

你会发现，接触到细铁丝弯曲处的蜡烛部分立即熔化了，形成一个凹槽。

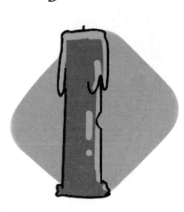

 怪博士爷爷有话说

　　当你快速地前后弯折细铁丝时，其实是对铁丝施加了力，这个力对铁丝做功。在这个过程中，动能转化为热能，产生了热量，使得铁丝弯折处的温度上升，所以接触到蜡烛后，让一部分蜡烛熔化了。

# 57. 看谁热得快

金属传热有快有慢，你们知道哪个传得快，哪个传得慢吗？快来跟我们一起实验看看吧。

## 准备工作

- 四块质地大小相同的砖
- 一根蜡烛
- 一个打火机
- 一把剪刀
- 一个计时表
- 四块大小相同的铜片、铁片、黄铜片和铝片

## 跟我一起做

1

用剪刀将四块大小相同的铜片、铁片、黄铜片和铝片的一端剪出尖角。

剪的时候一定要注意安全。

**2** 点燃蜡烛，将蜡烛倾斜，在每张金属薄片上滴一滴蜡油，然后晾干蜡油。

**3** 将四块砖按照十字形摆放，但不要对紧，中间留有一定的空间。将四片金属分别放在砖上，使它们的尖角互相接触。

**4** 将点燃的蜡烛放在四片金属片接触点的正下方，按下计时表，观察金属片上蜡油的熔化速度。

**观察结果**

你会看到，蜡油熔化速度由快到慢依次是铜片、铝片、黄铜片和铁片。

怪博士爷爷有话说

小朋友们从实验中一定可以看出，不同的金属具有不同的导热性。在这个实验中，铜的导热性最好，铝其次，黄铜和铁的导热性最差。因此，蜡油的熔化速度才会不一致。从快到慢依次是铜片、铝片、黄铜片和铁片。

# 58. 哪杯水的温度高

桌上放着两杯温度相同的水，哪杯散热更快呢？

## 准备工作

- 两个玻璃杯
- 一张铝箔
- 一张黑纸片
- 一瓶胶水
- 两支温度计
- 热水

使用胶水要注意别沾到衣服哦！

## 跟我一起做

**1** 在两个玻璃杯的杯壁上分别裹上铝箔和黑纸片，并用胶水粘住。

**2** 同时往两个玻璃杯内倒入等量的热水。

**3** 10分钟后，用温度计测量这两杯水的温度。

## 观察结果

你会发现，用铝箔包裹的玻璃杯内的水比用黑色纸片包裹的玻璃杯内的水的温度要高。

## 怪博士爷爷有话说

为什么会出现上面的结果呢？这是因为黑暗粗糙的物体向外辐射能量的能力要比明亮光滑的物体强。因此，光亮的铝箔能够防止杯内热水的热量向外辐射，而黑色的纸片却能够加快杯内的热量向外辐射。所以用铝箔包裹的玻璃杯内的水温更高。

# 59. 哪件衣服先干

在气温高的天气里，穿不同颜色的衣服貌似差别很人，让我们一起来一探究竟吧！

**准备工作**

- 自来水
- 一件白色短袖
- 一件黑色短袖
- 两个晾衣架

**跟我一起做**

哪件短袖会先干呢？

**1** 将这两件短袖放在自来水里浸湿。

**2** 取出这两件短袖，略拧干。然后将这两件短袖晒在有阳光的地方。

## 观察结果

一段时间后，你会发现黑色的短袖先干了。

## 怪博士爷爷有话说

在其他条件一致的情况下，不同颜色的物体对太阳光的吸收能力是不同的。白色物体吸收能力最弱，而黑色物体最强。同样湿的短袖，黑色的短袖吸收热量多，因而先干了。

# 60. 烧不坏的纸杯

## 准备工作

- 一个纸杯
- 一根蜡烛
- 一盒火柴
- 一只隔热手套
- 水

## 跟我一起做

即使戴上了隔热手套，也要注意安全哦！

**1** 在杯子里加入半杯水。

**2** 戴上隔热手套，用火柴点燃蜡烛。一只手拿蜡烛，另一只手拿水杯，将水杯放在烛火上方。

**3** 让蜡烛的火苗正对着杯底。

仔细观察情况，发生了什么变化呢？

## 观察结果

一段时间过后，杯底完好无损。再过一会儿，发现杯子里的水开了，可是杯子并没有被烧坏。

### 怪博士爷爷有话说

　　燃烧的四个条件：可燃物、足够的氧气、热源和着火点。本实验中，可燃物、足够的氧气、热源三个条件都满足了，但是杯子的着火点却没有达到，这是因为杯子里的水带走了热量。即使是在水烧开时，由于水变为蒸汽时需要吸收热量而温度并不会升高，所以杯子还是不能达到着火点。这样的话，杯子始终都不会被烧坏了。

# 参考文献

[1] 杨沫沫 . 我的第一本趣味科学游戏书 [M]. 北京：中国画报出版社，2012.

[2] 王剑锋 . 最爱玩的 300 个科学游戏 [M]. 天津：天津科学技术出版社，2012.

[3] 刘金路 . 儿童科学游戏 365 例 [M]. 长春：吉林科学技术出版社，2013.

[4] 丹 格林 . 世界上好玩的科学书 [M]. 长沙：湖南少年儿童出版社，2012.

[5] 李蕴 . 孩子最爱玩的 90×2 个益智科学游戏 [M]. 北京：中国铁道出版社，2014.